鬼谷说

不可思议的古生物

 龙兽争霸篇

鬼谷藏龙　著

长江出版传媒　长江文艺出版社

图书在版编目（CIP）数据

鬼谷说：不可思议的古生物. 龙兽争霸篇 / 鬼谷
藏龙著. -- 武汉：长江文艺出版社，2023.4（2023.5 重印）
ISBN 978-7-5702-2725-9

Ⅰ．①鬼… Ⅱ．①鬼… Ⅲ．①古生物学－普及读物
Ⅳ．①Q91-49

中国国家版本馆 CIP 数据核字（2023）第 035945 号

鬼谷说：不可思议的古生物. 龙兽争霸篇
GUIGUSHUO : BUKESIYI DE GUSHENGWU.　LONGSHOU ZHENGBA PIAN

丛书策划：陈俊帆

责任编辑：杨　岚　王天然　　　　　责任校对：毛季慧

封面设计：袁　芳　　　　　　　　　责任印制：邱　莉　胡丽平

出版：长江出版传媒 ｜ 长江文艺出版社

地址：武汉市雄楚大街 268 号　　　　邮编：430070

发行：长江文艺出版社

http://www.cjlap.com

印刷：湖北新华印务有限公司

开本：720 毫米×920 毫米　　　　1/16　　印张：4.875

版次：2023 年 4 月第 1 版　　　　2023 年 5 月第 2 次印刷

字数：32 千字

定价：135.00 元（全六册）

目录

前言

地球生命历史约40亿年，在约8亿年前，出现了最早的动物，而在5亿多年前，世界迎来了寒武纪大爆发，形成今天动物世界的雏形。仔细想来，这真是一首无比波澜壮阔的史诗。午夜梦回，我仰望星空，总会忍不住感慨，在这同一片星空之下，亿万斯年间，曾经有多少生灵来来去去，它们的故事必定也会让人心潮澎湃。

于是我做了一个决定，效法史迁究天人之际、通古今之变、终成一家之言，将我对于古生物学的一点浅见，付诸些许文献检索的辛劳，也为过去亿万年间之地球生灵撰写一部纪传体史书。在书写过程中，我的思绪也会经由查阅的资料回到那激荡的岁月，我仿佛看到昆明鱼在浑浊的浅海中一往无前，看到"角石"（注：为了和现代鹦鹉螺区分，本书中早期有外壳头足类都笼统称为角石。在其他材料中，这些角石也可能被称作鹦鹉螺。）张开腕足震慑四海，看到海蝎纵横来去，看到泥淖之中的提塔利克鱼，看到巨树之巅的巨脉蜻蜓，看到末日之下的二齿兽，看到兽族起于灰烬，看到恐龙横行天下，看到人类王者降临。

我不由自主地将感情注入了这些远古生灵之中，希望各位读者也能在字里行间看到我脑海中曾经涌现的盛景，跟着我的思绪亲密接触这万古生灵，一起欣赏伟大的动物演化史诗。

斗争，是动物界永恒的旋律，而在动物演化中，最风云诡谲、最臻于极致的争霸，莫过于从石炭纪开始一直到距离今天三亿年的龙兽争霸了。

作者简介:

　　鬼谷藏龙，原名唐骋，中国科学院脑科学与智能技术卓越创新中心博士，上海科普作家协会会员，B站知名知识类UP主(ID:芳斯塔芙)。

　　从2014年起从事关于神经科学、基因编辑、科学史和古生物领域的科普，撰写了科普文章100余篇。曾参与编写《大脑的奥秘》，翻译《科学速读脑内新世界》；在B站开设账号"芳斯塔芙"，目前拥有超过300万粉丝，视频累计播放量约3亿。曾获B站第三届"新星计划"奖，B站2019年、2020年、2022年百大UP主，2019年"科学3分钟"全国科普微视频大赛特等奖，被评为网易2021年度影响力创作者。

画师简介:

　　夜蓝啊夜蓝，一名梦想用漫画做科普的插画师。著有搞笑漫画《天演论》等。

专家团队简介:

方翔，中国科学院南京地质古生物研究所副研究员，硕士生导师。主要从事早古生代地层及头足动物的研究，在奥陶纪地层划分对比、寒武纪－志留纪头足类系统古生物学、生物古地理学等方面取得重要成果。

历年来与英国、德国、芬兰、瑞士、澳大利亚、泰国等国学者有密切的合作研究。主持国家自然科学基金委、中国地质调查局等多项课题。

孙博阳，中国科学院古脊椎动物与古人类研究所古哺乳动物研究室副研究员，从事晚新生代哺乳动物演化研究。

朱幼安，中国科学院古脊椎动物与古人类研究所副研究员，入选中国科学院"百人计划"青年项目。主要研究方向为颌起源及有颌鱼类早期演化，相关成果对脊椎动物"从鱼到人"演化之树重要节点的认识产生重要影响。

王海冰，中国科学院古脊椎动物与古人类研究所副研究员，主要从事中生代哺乳动物系统演化方面的研究工作。

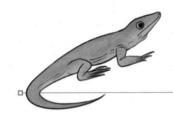

早起的兽儿有龙吃

龙兽争霸（其一）

　　我们知道，许多成功的小说角色背后都有一个与他相爱相杀的宿敌。而这条规律在动物界似乎也非常适用，**远有蛛形纲与昆虫纲的亿年敌对，近有软骨鱼与硬骨鱼的无尽斗争。**

　　不过要说在整个动物界最著名的一对冤家，非合弓纲与蜥形纲莫属。合弓纲这一支诞生了包括你我在内的哺乳动物，所以经常被称为"兽族"；而蜥形纲这一支诞生了

鬼谷说

　　"合弓纲"和"蜥形纲"目前是很广为流传的说法，现代的标准叫法"下孔类""蜥孔类"。

1

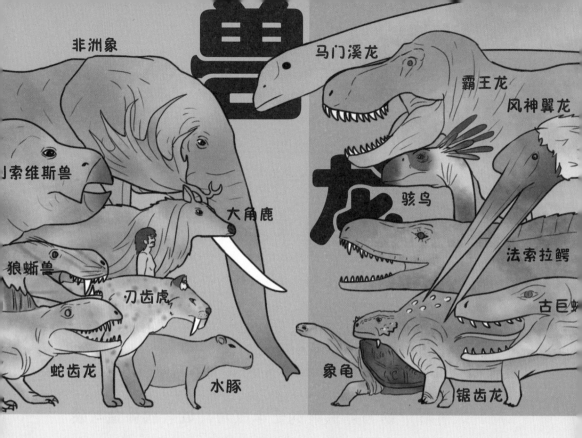

一大堆恐龙、翼龙和海爬啥的，也包括今天的鳄鱼、蜥蜴、乌龟等，所以经常被称为"龙族"。所谓的"龙兽争霸"，说的就是三亿年来这两个演化支之间的斗智斗勇。

龙兽争霸的故事还要从3亿多年前的石炭纪讲起。石炭纪是离片椎类

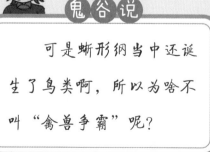

鬼谷说

可是蜥形纲当中还诞生了鸟类啊，所以为啥不叫"禽兽争霸"呢？

两栖动物的时代，这群霸主太过强势，把许多其他陆地脊椎动物都逼到了边缘生态位上，不过最终也逼出了一支更适应相对干旱环境的脊椎动物，被称为爬行形类。

这个演化支在很短的时间内便摸索出一系列在陆地生存的技巧，比如说全身覆盖防水的角质层，指尖长出尖甲，等等，一时也涌现了不少英雄豪杰。

其中最值得称道的是两位好汉：一位叫林蜥，还有一位叫始祖单弓兽，它们正是龙兽两族已知最早的元老。

别看它俩长得像是异父异母的"亲兄弟"，它们后辈的演化思路绝对是完全不同的画风。

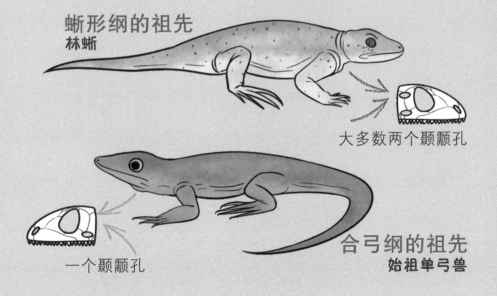

蜥形纲的祖先
林蜥

大多数两个颞颥孔

一个颞颥孔

合弓纲的祖先
始祖单弓兽

先说龙族，这个蜥形纲明明能力超强，却过分慎重，不做好完全准备绝不出手。谁知这反而便宜了咱们所属的演化支——兽族合弓纲。在石炭纪末，趁着龙族还在"新手村"里练等级刷装备，咱们兽族的祖先就直接出来抢地盘了。这招先下手为强让咱们兽族一举成了二叠纪的霸主。

那么代价是什么呢？就是所有装备只要差不多凑合着能用就上马，留下了很多历史遗留问题。后来我们的祖先之所以沦落为恐龙脚下的可怜虫，也算是从这里埋下了祸根。

比如说我们的皮肤依旧像两栖类祖先那样充满腺体，保水效果不敢恭维。还有，合弓纲排泄含氮废物的途径是将含氮废物转化为尿素，因为尿素可溶于水，所以排泄含氮废物必须通过排尿，白白浪费宝贵的水分。更麻烦的是胚胎代谢产生的尿素还会溶解在合弓纲产的蛋里面，很容易用自己的尿把卵给毒死，所以合弓纲的羊膜卵在某种意义上也只能算个半成品。

在其他方面，我们的祖先类群也处处展现着一种能凑合就行的特性。

比如有一些合弓纲转向了素食。不过在那个年代，能共生在脊椎动物肠道里帮助消化的细菌说不定也还没演化出来，那消化咋整呢？

基龙类选择了强化牙齿细嚼慢咽。

这不是常规操作吗？对。但不常规的是它把牙齿长成了这副德行，吃草之余还能顺便治疗一下密集恐惧。

基龙

如果这还不够，那就延长自己的肠道，一坨肠子不够，再塞一坨，再塞一坨……最终演化出杯鼻龙这么个

小头爸爸与大头儿子

谁说吃素能瘦身来着？

我为何有张大嘴？

杯鼻龙　　　　　　　　　蛇齿龙

别致的玩意儿。

此外也有选择困难的，蜥代龙就长期延续着祖先的形态与生活方式。

不过作为霸主，怎么能少得了顶级猎食者呢！

大名鼎鼎的楔齿龙类异齿龙便诞生在这个演化支当中，从这里开始，兽族逐渐"脱贫致富"，上马了一些正儿八经的"装备"，堪称兽族的第一次身体革命。

异齿龙得名于它口中多种不同形态的牙齿，这是合弓纲演化史上第一项器官突破——牙齿分化：靠前的尖牙负责伤害输出，靠后带锯齿的小牙则能高效切割肉食。

这种分工明确的牙齿形态将在之后数亿年中被它的晚辈们发扬光大。

此外,一项足迹化石的研究显示,异齿龙还可以抬起腹部,用四肢撑起身体运动。

虽然以今天的眼光看,这些特征好像只能算肉食动物的基础配备,但在将近3亿年前的二叠纪早期,绝大多数陆地脊椎动物都还只会肚子贴着地面匍匐前进,异齿龙在这样的环境里,那可真是所向无敌。

而异齿龙最著名的特点便是"拉风"得不行的背帆,研究这背帆的用处可耗费了古生物学家不少精力。最初大家推测那是用来调节体温的,然而经过长达半个世纪的研究,才逐渐意识到这个背帆更可能是用来显摆的。

鬼谷说

古生物学家推测背帆是用于同类交流的,不过具体是用来吸引异性、威慑对手,还是别的意思,就不清楚了。

然而事实颇有些"强秦二世而亡"的意味,正当这些

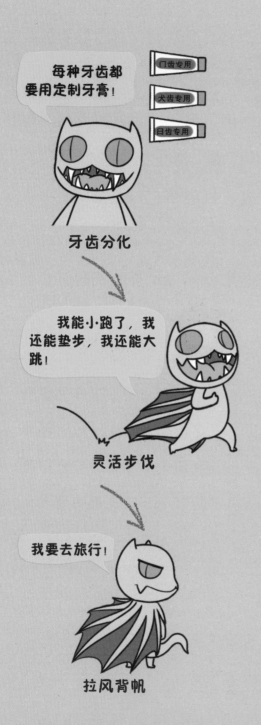

牙齿分化

每种牙齿都要用定制牙膏！

门齿专用
犬齿专用
臼齿专用

灵活步伐

我能小跑了，我还能垫步，我还能大跳！

拉风背帆

我要去旅行！

早期合弓纲动物高歌猛进横扫六合之际，它们的统治却戛然而止。

在2.73亿年前，盘古大陆的生物横遭天劫，史称奥尔森灭绝事件。

人们至今都在争论，这到底是因为天灾，还是因为合弓纲的优势太大，破坏了全球的生态平衡，最终也殃及了自身。总之，自此之后，大部分奇形怪状的早期合弓纲类便逐渐退出了历史舞台。但楔齿龙类却有一支后代幸存了下来，开启了兽族第二王朝。那就是兽孔目。

安蒂欧兽，超进化！

这些兽孔目动物接过了早期合弓纲的大旗，基本继承了类似异齿龙那样的一身"神装"，尤其是它们的牙齿，已经初具我们今天门齿、犬齿和臼齿的分化。尤其是犬齿在这段时间取得了巨大的飞跃，被开发出了一大堆眼花缭乱的新用途——有些草食性的兽孔类将其变成了挖掘块根的工具，比如二齿兽，就像今天的野猪；有些又可能将其变成了同类间厮杀的武器，比如剑齿类龟兽，就像今天的獐子（剑齿类龟兽的剑齿用途存在争议）。

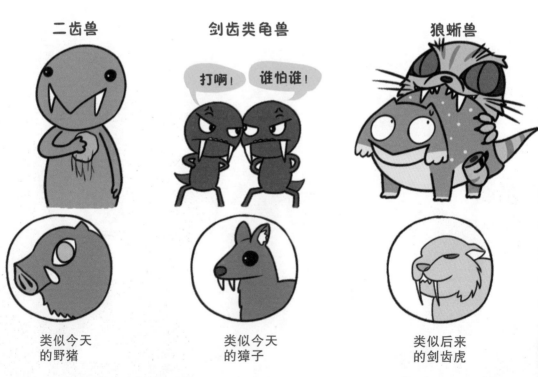

二齿兽　　　　剑齿类龟兽　　　　狼蜥兽

打啊！　谁怕谁！

类似今天
的野猪

类似今天
的獐子

类似后来
的剑齿虎

不过开发出犬齿最强用法的当属**丽齿兽类**，它们开发出了最经典的犬齿用法，简单来说就是用匕首般的剑齿瞬间割断对方颈动脉，对猎物造成即死伤害。这招作为兽族最高效的捕猎大型动物的招数，在数亿年间层出不穷，堪称是经典中的经典。

于是，丽齿兽家族诞生了一大批新一代的大型掠食者。其中体型最巨大的**狼蜥兽**，比今天的东北虎还大一圈，它们就是那个时代的剑齿虎，猎杀着盘古超大陆上最巨大的猎物。而且奥尔森灭绝事件还重创了离片椎类和其他爬行形类，它们从此基本上彻底丧失了撼动兽族霸权的可能性。

然而没想到，蜥形纲却在当了2500万年的小老弟后，离开"新手村"，准备来撼动兽族霸权了。

这些龙族的保水能力和羊膜卵完成度都在兽族之上，虽然一时要突破兽族的垄断还有点勉强，但也不妨碍它们在一些小战场上取得局部胜利。

比如说**锯齿龙**成长为新一代大型草食动物，但它们一度也是二叠纪末最巨大的"草包"之一。

　　除此以外还有大盐湖里的中龙，它们利用自己细密的牙齿过滤水中的小动物来吃，被认为是最早一批回到水生生活的羊膜动物。更有一些发展出了奇怪的"黑科技"，比如说波罗蜥，它们最早学会了双足行走的运动方式；空尾蜥可以展开身体两侧的皮膜，在树梢之间滑翔……

然而没想到，在2.65亿年前，兽族直接强行开展了第二次身体革命，产生了真兽齿类。

之前说了，兽族的皮肤比较原始，上面到处都是容易散失水分的腺体，既然不能改掉缺点，那便利用缺点，化劣势为优势。真兽齿类将这些腺体转变成了汗腺，从而能够随时降低体温；与此同时，真兽齿类又进化出了毛发，可以保持体温。外加很多其他复杂变化，

真兽齿类获得了一项跨时代的被动技能——恒定的体温（关于毛发和恒温的来源，证据很少，这里说的只是一种观点）。

我不秃了 也变强了

除此以外，真兽齿类还进化出了一个叫作"次生腭"的结构，通俗点儿说，咱们的祖先终于有了——鼻子。

鸟类、蜥蜴、蟾蜍的鼻孔都是直通口腔的，只有咱

们兽族这一支把鼻通道后口与口腔分隔开，因此我们在吃东西的同时还能呼吸，从而才能细嚼慢咽。更重要的是，这样的鼻通道构造的存在也极大强化了我们的嗅觉，从这里开始，兽族在感官方面开始慢慢甩开了龙族。

然而谁也没想到，此刻的龙族居然还在隐藏实力。兽族完成第二次身体革命的同时，在今天波兰的一个地方，出现了一种名叫初龙的动物，它才是龙族真正的王牌。

不过这一切都不重要了。

2.6亿年前，在今天峨眉山附近的一座超级火山剧烈喷发。一时之间，天地变色，日月无光，死亡的阴霾笼罩了大半个盘古超大陆。然而这只是一个开始，在山与海的彼端，一个后来被称为西伯利亚的地方，深埋地心的灼热怒涛已然蓄势待发。

天劫将至，胜负未分，盘古大陆上的争霸，究竟最终会鹿死谁手呢？

时空缝隙中的异世界

龙兽争霸（其二）

如果要说地球历史上有哪个时代最符合人类对于地狱的想象，那么鬼谷我首先想到的必然是三叠纪。

三叠纪可真是把你能想到的各种极端自然灾害全都经历了一遍。它开始于一场毁灭苍生的火山活动，又结束于另一场撼天动地的火山活动。而在这两次浩劫之间，还夹杂着赤地千里的干旱、雷霆万钧的风暴、汹涌澎湃的洪水与席卷全球的烈火。

三叠纪的生物同样也给人一种时空上的穿越感，这个时代仿佛是一个夹在两次大灭绝之间的封闭时空。由于大灭绝腾出的海量生态位，动物，尤其是龙族的演化那简直是"放肆"到了"胆大妄为"的地步。由此诞生的一大堆

"奇行种"，又在之后的末日审判中悉数退场，于地层中留下了一抹奇异的色彩。

即便如此，三叠纪依旧是对我们今天影响最为深远的一个纪元。

故事还要从我们之前提到的二叠纪末大灭绝开始说起。为了在废土之上生存下来，兽族的祖先在感知、智力、体能等各方面都取得了长足进步；相比之下，龙族却像是在吃老本，身体突破乏善可陈。

然而兽族表面略高一筹，实则用力过猛。比如说，恒定的体温的确有助于在寒冷的环境中生存下来，但是在炎热环境中就成了浪费能量。还有为了维持恒温而生的出汗能力，也会浪费宝贵的水分……而三叠纪，偏偏就是一个炎热干旱到无以复加的时代。这种感觉宛如熬夜刷了一个月题结果发现期末只考体育一样。

相比之下，龙族长久的发展，主要是提升各种保水技能。直到今天，纵然兽族的身体已经大大优化，但在沙漠中生存得最好的还是来自龙族的蜥蜴之类。

在三叠纪初，盘古超大陆上横亘着广阔的沙漠，兽族那边身体构造不错的真兽齿类，基本都只能窝在相当于今天南非到南极一带的湿润地区，反而是身体构造较差的二齿兽类，比如说水龙兽，成了兽族的中坚力量。

很快，有一支名为引鳄类的龙族成员跨过山和沙漠，迈向了全世界。别看这群家伙一个个都长得那么"土肥圆"，但它们昭示着一支龙族的全新势力从此走上了前台，那就是主龙形类。

这支龙族可能起源于二叠纪末期一些类似于初龙那样

的祖先，但是从引鳄类这一支开始，龙族开始了"师兽长技以制兽"的逆袭之路。

鬼谷说

　　初龙和主龙形类、主龙类等的学名是同源的，但是都叫主龙容易引起混淆，所以在这里用了不同的译法。

　　单看它们这脑袋大脖子粗的造型，颇有一股当年蛇齿龙的即视感。而且引鳄类也可以像兽族那样抬起自己的腹部，左右横跳。靠这么两下子，引鳄类足以大啖兽族的血肉，爬上食物链顶层，成为三叠纪最早的霸主了。

　　与此同时，在另一条战线上，也有一些龙族开始下海发展，它们是以鱼龙、鳍龙和海龙为代表的海爬，从此开启了与鲨鱼永无止境的战斗史。

　　目光切回陆地，从大概2.46亿年前开始，地球逐渐恢复了生机，草原取代沙漠，而以主龙形类为代表的龙族也随之成了"龙生赢家"。

　　形态各异而不在地层里留点奇奇怪怪的化石，犹如锦衣夜行，谁知之者。可以说三叠纪是陆地脊椎动物历史上演化得最狂放不羁的时代，实属素材多发地层。

比如说长着超级长脖子的长颈龙。

背上长着类似高尔夫球棒的长鳞龙。

还有长着钳状牙齿的喙头龙。

以及宛如长着"小蛮腰"的乌龟一般的豆齿龙。

在这么一番示范下，你也就别指望三叠纪的其他龙族有啥正常操作了。

在这段时间内，陆地霸主从

豆齿龙所属的鳍龙超目的分类地位不太清楚，如果按照某些分类观点，它们也属于主龙形类。

五短身材的引鳄类变成了体型更加修长的伪鳄类。

早期资料里将伪鳄类的成员归为镶嵌跺类，但是后来发现这个分类系统不是特别严谨，因此本书中采用伪鳄类这个新分法。

这些伪鳄类大多长得都跟今天的鳄鱼有几分相似，亲缘关系也还算近，但是生活方式却大相径庭，反正包括今天鳄鱼的直系祖先在内，它们当时大多都不是"水里蹲"。

世人皆传在三叠纪吃草的、吃肉的、会跑的、能跳的、爬树的、"上房揭瓦"的全都是鳄鱼，基本上说的就是这些家伙。

比如说其中名字很可爱的波波龙类，作为"牛气哄哄"的食物链顶层王者，它们当然要把以前王者走过的路再走一遍。比如牙齿分化、恒定的体温、背帆，还有双足直立行走、小短手。

恒定的体温，来点来点。

芙蓉龙

亚利桑那龙

背帆，啊，这个是重点，再穷不能穷背帆……

正当兽族目瞪口呆之际。

波波龙

我还有更厉害的呢，双足直立行走！

啊，我不仅要直立行走，我还要演化成小短手。

唔，居然这样都没有遭受自然选择的毒打，果然空生态位多就是可以为所欲为啊。

与它们相比，另一支爬上食物链顶层的伪鳄类便严肃得多了，那就是迅猛鳄类。龙如其名，它们极大优化了自己的骨骼构造，从此健步如飞（这一点即便在它们今天的近亲——鳄鱼身上也能略窥一二）。更重要的是，迅猛鳄的体型也有了巨大的飞跃。

生活在2.4亿年前的撕蛙鳄体长可达6米，我认为以它们的实力绝对不止手撕个蛙这么简单。

而随后，一场突如其来的暴雨更是将三叠纪动物的演化狂欢推向了最高潮，那就是咱们已经讲了许多次的卡尼期洪积事件。经过这一轮大水漫灌，盘古泛大陆上瞬间草地变森林，这意味着更多的生态位被创造了出来，繁盛的树冠层让名为镰龙类的龙族演化支迅速繁盛了起来。

大部分镰龙的模样像是把一颗鸟头插在了变色龙的身体上，以至于早些时候科学家都以为它们是鸟类的直系祖先。但它们的奇怪之处还不止于此，比如说有些镰龙尾巴尖上的几节尾椎愈合并露出体表成了个钩子。

不过要我说最诡异的当属高尾龙，它长着一片非常侧扁的尾巴，有人认为它们可能用这个尾巴来游泳，也有一些观点认为它们可以像今天的鼯鼠一样在树梢之间滑翔。

高尾龙能不能滑翔我不知道，但是接下来的两位"好汉"肯定能。它们是三叠纪的两大翅膀设计鬼才——孔耐蜥和沙洛维龙。有的能飘起来，自然有的也能潜下去。比如植龙类终于战胜了离片椎类，成了淡水江河的新主人。

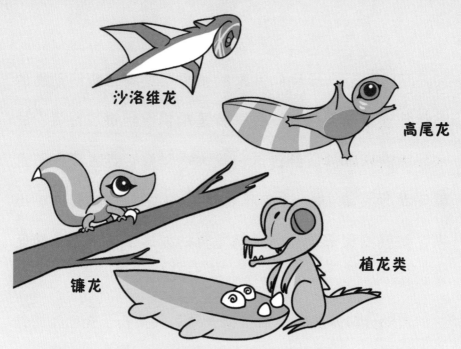

沙洛维龙

高尾龙

镰龙

植龙类

　　而在另一边，陆地霸主伪鳄类也没闲着，劳氏鳄类接过迅猛鳄类的王冠，成为了盘古超大陆上的新霸主。也正是从这场大雨开始，龙族从"组团开黑"全面转入了窝里斗模式。

　　一支名为坚蜥类的龙族成长为新一代的王道草食动物，它们发展出了一套强大的尖刺反甲，连身体各处都长满了尖刺，让劳氏鳄根本无处下口。

　　不过要说这场大雨的最大赢家，当属主龙形类的另一个分支，鸟跖类。这个分支相比其他主龙形类，有着更加轻便但强韧的骨骼，身体表面也像之前的兽族霸主一样长出了一层毛发。最重要的是，它们发展出了迄今为止最高效的空气呼吸系统——气囊系统。

众所周知，只要掌握了正确的呼吸法，你的身体机能就能进入完全不同的境界。比如说有一种可能类似于"兔蜥龙"那样的鸟跖类主龙，它们自从掌握了这呼吸法呀，你猜怎么着，它上天了。正是它们的一支后代演化成了第一种会飞的脊椎动物——翼龙。

鸟跖类主龙中真正的希望之光，则是最著名的古生物类群——恐龙。

阿希利龙　　　　　　　　兔蜥龙

恐龙掌握了踮起脚尖、双足直立行走的正确姿势，如果说之前的波波龙是双足行走，那么恐龙就是双足奔跑；再配合强大的呼吸，它们成为了在卡尼期洪积事件期间迅速崛起为盘古超大陆上最成功的动物类群之一。

当洪水退去，大陆上的植物也从此旧貌换了新颜，苏铁松柏之类的裸子植物取代了此前的石松和种子蕨。然而这些植物木质疏松又富含树脂，是妥妥的一级易燃物。当三叠纪末期降雨停止，气候再度变得炎热干燥，地球又迎来了一场席卷全球的野火，熊熊燃烧了数十万年。但这场灾难在很快到来的另一场更大的灾难面前变得不值一提。

距今两亿多年前，一系列凶猛的火山喷发直接撕裂了整个盘古泛大陆，大地崩开了巨大的裂缝，岩浆喷涌而出，火山联动山火，烈焰荡平了世间的一切，生命在这一片焦土之上，走进了真正的中生代。

严格来说，这场剧烈的火山活动到今天都没有结束，此时此刻，这些火山依旧在让盘古泛大陆的这道裂口不断扩大，只不过我们如今把这个裂口称为大西洋。

可以说，三叠纪末的火山活动让地球上的大陆开始变成了我们今天所熟悉的样子。但三叠纪对我们今日的影响远不只是大陆形状而已：正是在三叠纪，羊膜动物完成了太多的第一次——第一次真正重返大海、第一次真正直立行走、第一次潜水伏击、第一次展翅翱翔……

除此以外，三叠纪也诞生了——最早的龟、最早的蜥蜴、最早的鳄鱼……

如果把原鳄之类的鳄形类也算进去的话，甚至说不定还有最早的哺乳动物。

正是因为三叠纪的龙族在废土上近乎穷举的随机尝

鬼谷说

目前学术界一般认为哺乳动物诞生在侏罗纪中晚期，但是从三叠纪开始就出现了与哺乳动物界限很暧昧的"哺乳型类"，因此有一些激进的观点将哺乳动物诞生的时间前推到了三叠纪。

第一次真正重返大海：
短吻龙

最早的哺乳动物：
摩根齿兽

最早的鳄鱼：
喙头鳄类

第一次真正直立行走：
尼亚萨龙

最早的蜥蜴：
瓦氏巨肢蜥

第一次潜水伏击：
植龙类

第一次展翅翱翔：
沛温翼龙

最早的龟：
半甲齿龟

试，以及极尽充分地挖掘出了动物演化的每一丝可能性，才最终让羊膜动物寻找到了它们所能触及的一切生态位。

在此之后两亿余年，无论经历多少灭绝事件，多少改朝换代，三叠纪的先辈们缔造的生态格局都未曾再改变过。

而在这个日益熟悉的新世界，龙兽两族各自的命运又当如何呢？

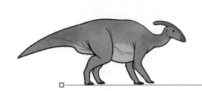

龙族巅峰——恐龙
龙兽争霸（其三）

    如果说有哪一类古生物最能称得上是古生物明星的话，那毋庸置疑是恐龙。恐龙的形象在我们的生活中随处可见，然而这些形象又大多只为夺人眼球。不说各种虚构的电影、小说、动漫了，即便是在纪录片中，恐龙也经常沦为各种奇怪的"战斗力单位"。

    今天我们尽力抛开恐龙身上的那些传说，将它还原成一个普通的古生物类群，来讲述它们的故事。

    恐龙的故事还要从大约2.5亿年前二叠纪末大灭绝开始说起。这场灭绝直接颠覆了旧霸主——兽族合弓纲的统治，广袤苍凉的盘古超大陆上第一次出现了非常彻底的权力真空。于是龙族蜥形纲便趁机崛起，尤其名为主龙形类的一个分支迅速坐大，成了地球新的霸主。

龙族在接手兽族江山的同时也继承了兽族的演化思路，兽族当年称霸天下所仰赖的站立、呼吸、恒温、长体毛、牙齿分化等"技能"无一不在三叠纪的龙族中迅速风靡了开来。

不过，龙兽两族在进化思路上还是有所不同：兽族喜欢广种薄收，啥技能都升一下，但一般差不多就完事；而龙族比较轴，升的技能不会太多，但每一个都要练到登峰造极。

恐龙的鼻祖便是当时最铁杆的精神兽族之一，在三叠纪之初的冈瓦纳古陆，出现了一种名为阿希利龙的动物。它们的四肢伸得笔直，身上覆盖着一层兽族风格的毛发，而且很可能也已经具备了不逊色于兽族的强大呼吸和循环系统。

这种体形不过狗那么大的小动物却是演化上的巨龙，它们的出现标志着一个全新的类群——恐龙形类从此诞生了。但恐龙形类还不能算是恐龙，你可以把这个类群不严谨地理解为一大堆恐龙祖先的候选者。尽管在相当长的时间里恐龙形类都存在感不强，但它们凭借着优越的身体构造与高效的代谢能力一举成为当时最灵巧的动物类群之一，并在一千多万年的时间里一步步地青出于蓝，超越了自己曾经仰慕的偶像。

它们还可能升级了自己的毛发，轻便节能的同时还能更进一步加强保暖效果，搭配高效的代谢，让自身体温开

始趋于恒定。

在四肢直立的基础上，它们百尺竿头更进一步，发展出了双足行走。虽然当时有很多龙族都独立发展出了各种双足直立行走的模式，但它们凭借其扭转关节的杰出设计，从一开始便碾压了所有同行者。这种运动方式彻底解放了腰部以上的身体，从此快速运动再也不会压迫到内脏，而这又促使它们发展出了气囊系统，让空气得以在肺部一定程度上单向流动，这时至今日仍是陆地呼吸系统的巅峰之作。

不知不觉中，第一只恐龙在盘古超大陆的南方站起来了。目前人们所知最早的恐龙可能是生活在盘古超大陆南方的尼亚萨龙，不过尼亚萨龙的化石极度残缺，关于它到底算不算恐龙还有不小争议；如果不算它的话，那最早的恐龙就是始盗龙。

虽然受制于小巧的体形，早期的恐龙没有办法和当时如日中天的伪鳄类正面硬碰，但是它们很快便拿下了一块属于自己的基本盘——森林。

毛发

双足站立的骨结构

气囊系统

完美·小恐龙

　　"神功"初成，就差一个大展拳脚的良机了。

　　而上天也马上送了它一份绝世大礼，那就是卡尼期洪积事件。这场绵延将近两百万年的漫长雨季不但一举肃清了那些二叠纪残存的旧势力，更是让森林占据了大半个盘古超大陆，这天时地利人和真是不服不行。恐龙迎来了一波爆发式的增长，这期间涌现了一大堆对后世影响深远的恐龙，比如始盗龙等。从这个蕴含着超高基本素质与无穷改造潜力的"原型机"开始，恐龙，这支天选之子从此开启了它们长达一亿六千多万年的辉煌传奇。

在漫长的统治中，恐龙缔造了无数奇迹，其中之一便是几乎在每一个方向上的演化尝试都取得了巨大的成功。

总体来说，恐龙大致可以分成两个大的演化支——蜥臀目和鸟臀目。蜥臀目偏重于加强运动，身体线条比较流畅；鸟臀目则比较膀大腰圆，肚子里塞了很多内脏，大部分王道植食恐龙都诞生在这个演化支当中。记不住的话，你记得这两支分别是瘦瘦的恐龙和胖胖的恐龙就行了。

而最先崛起的是瘦恐龙——蜥臀目。

流畅的体形赋予它们强大的速度与灵活性，如果在此基础上增加一点攻击力，那完全是顶级掠食者配置。

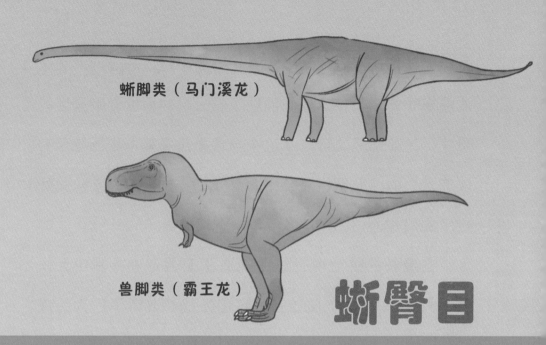

蜥脚类（马门溪龙）

兽脚类（霸王龙）

蜥臀目

鸟臀目

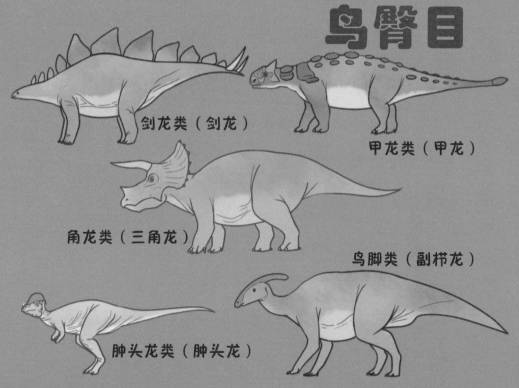

剑龙类（剑龙）

甲龙类（甲龙）

角龙类（三角龙）

鸟脚类（副栉龙）

肿头龙类（肿头龙）

在三叠纪末，一支名为艾雷拉龙类的恐龙通过强化灵活性与咬合力，迅速成为当时最强势的中型掠食者，一步步蚕食着三叠纪旧霸主劳氏鳄类的江山。

另一方面，一支名为蜥脚类的恐龙则开始向着大型植食动物的道路发展。狭义的蜥脚类应该只包括真蜥脚亚目的成员，这里为了便于讲述，将整个蜥脚形态类放在一起说。

消化植物需要更长的肠道，然而它们瘦小的肚子容量有限，于是它们采用了一个简单粗暴的解法——体形增大。由此造就了史上第一群大型恐龙，比如生活在三叠纪末的板龙，长到了一头非洲象那么大，硕大的体形让蜥脚类恐龙直接连双足行走都维持不了，只得重新趴下来四足站立。随着三叠纪末大灭绝扫清了盘古泛大陆上大部分伪鳄类，称霸之路上恐龙从此再无敌手，一个名副其实的恐龙时代降临了。

轻便强韧的骨骼与能够降低身体密度的气囊系统，决定了恐龙可以长到非常非常大，结果蜥脚类恐龙不知怎

么一发不可收拾，长到体长10米、重10吨。吓人吧？那只是个"起步价"。中加马门溪龙身长35米，白垩纪南美洲的巴塔哥泰坦巨龙，更是达到了令人惊骇的37米长，70吨重。

咱成功恐龙的口号就是——不求最好，但求最大。

而与此同时，别的恐龙也在探索其他"黑科技"。还记得我们之前说的胖恐龙演化支鸟臀目吗？它们因为一个个大腹便便的，敏捷性稍微差一点，所以大多都发展出了一些旁门左道来自保，比如叠甲，生活在1.96亿年前早侏罗纪的小盾龙便在背上码了一堆甲片。

不过小盾龙有一支后代还是没把重点全放在防御上，这支后代演化成了剑龙类，顾名思义就是背上长着"剑"的恐龙。它们身上只保留了一溜骨片，大概率没啥防御力，真正的利剑是尾巴尖上的四根尖刺。

虽说这种级别的反甲好像也够用了，但小盾龙类还是有一支后代在叠甲路线上一条道走到了黑。那就是甲龙类——长着甲的恐龙。有些甲龙还在叠甲的基础上增加了尖刺，或是在尾巴尖上长了个"锤子"。但装甲毕竟影响速度也影响体形，所以甲龙虽然一直到白垩纪末都挺繁盛，可体形始终长不大，即便在白垩纪甲龙最鼎盛的时代，它们的普遍体形大概也就相当于一头犀牛，这放在恐龙时代只能算个小老弟。

1.45亿年前，可能是因为一系列的火山活动，地球进入了一段短暂的贫乏时期，植物凋敝，蜥脚类恐龙与剑龙类都遭受了重创，并且波及了以它们为食的异特龙类。地球从此迈入了白垩纪，恐龙也随之来到了它们集体"上头"的疯狂年代。在白垩纪，鸭嘴龙类与角龙类开始崛起，成为新的王道植食恐龙。而主流的顶级掠食者，也随之变成了暴龙类，它们差不多相当于那个时代的牛羊与狮虎。

一般来讲，弱小的牛羊更容易被吃，所以留下的都是较大较强的牛羊；反过来，弱小的狮虎更容易抓不到猎物饿死，留下的都是较大较强的狮虎。

随着时间推移，这种强强竞争的军备竞赛促使攻防双

角龙类　　　　　　　　　　　　暴龙类

方都演化得
越来越大。
这印证了演
化理论当中
非常经典的
柯普法则,

鬼谷说

　　促使动物体形增大的因素还有同类竞争以及环境胁迫等,这里只是点一下不深入。动物都有演化变大的倾向的规律被称为"柯普法则",但柯普法则的成立需要满足一定的前提,大家不要随便乱套。

大概是说动物都有演化增大的趋势。

但恐龙们却在一波又一波的攻防竞争中彻底癫狂了。它们的体形越来越大，越来越大，几乎冲到了各自身体模式的理论极限。

像早期的角龙类鹦鹉嘴龙，它们那会儿还没进化出角，一般也就现在的一只火鸡那么大，但是生活在白垩纪末的美国的三角龙已经是体形超过非洲象的庞然大物了。

在另一边，捕食它们的暴龙类也不遑多让，生活在1.3亿年前早白垩纪的始暴龙的体形也就比一个人稍微大点。但是白垩纪末捕食三角龙的霸王龙（君王暴龙）平均体重已然七八吨。

与这些肉食恐龙的体形同步增大的还有它们的咬合力。脑袋也越来越大。大脑袋搭配恐龙的双足站姿，导致前肢变得不堪大用，于是暴龙小短手的传统就形成了。

正因如此，别的动物的机会就来了，在这段时间，哺乳动物、蜥蜴乃至蛙类都取得了绝佳的发展机遇，逐渐霸占了一大堆中小型生态位，悄无声息地收窄了恐龙帝国的退路。

好在，还是有那么一支恐龙保持了清醒，没有让恐龙像翼龙那样陷入万劫不复的境地。它们是手盗龙类。

鬼谷说

　　虽然恐龙对小型生态位的丢失相对翼龙而言没有那么彻底，不过据我所查的资料来看，除了手盗龙类以外，恐龙在白垩纪末总体上都有小型生态位的大量丢失。狭义的手盗龙只包含手盗龙类的成员，这里稍微扩展一下，讨论整个手盗龙形类。

手盗龙类在数亿年的演化中总体上保持着由始盗龙等开创的恐龙初始形态，正是这个帮助恐龙战胜了无数劫难的经典"设计"，最终也让它们的后代成了恐龙最后的幸存者。

但这并不表示它们不敢创新。

生活在1.6亿年前的擅攀鸟龙转变成了树栖动物，它们还特化出一根"手指"，这最早可能是用来从树洞当中

43

奇翼龙

始祖鸟

手盗龙类

胡氏耀龙

近鸟龙

掘虫子吃。反正这支恐龙从此走上了与其他恐龙都不一样的的演化之路。

而且，树栖生活还意味着它们会频繁地在树梢之间跳来跳去，只要掌握一定的窍门，就能跳得更远、更灵活。最后，有一批手盗龙类学会了滑翔。没错，我说的就是奇翼龙（最近又发现了第二种用翼膜滑翔的恐龙，也是奇翼龙的近亲，即长臂混元龙）。

不过在那个翼龙的鼎盛时期，长着皮翼四处张扬到底是有点不给翼龙面子，所以恐龙在这条演化路线上也只是浅尝辄止。但可能正是从这里开始，恐龙心中埋下了一个飞天梦。

手盗龙类除了手指以外，还强化了另一个技能点，那就是羽毛。虽然恐龙普遍长着羽毛，但绝大多数恐龙都停留在用羽毛保暖或装饰的层面，只有手盗龙类，将羽毛发展到了极致。在之后的演化中，一部分手盗龙类又重新回到地上，竭尽全力地回填其他恐龙巨大化留下的生态空缺，这一支手盗龙类演化成了窃蛋龙与镰刀龙等，为阻止兽族的东山再起做了最后的努力。

当然，手盗龙类在固守基业的同时也努力开创未来，其中一支在树栖道路上越走越远，终于踏入了一个从未有生物涉足的领域——用羽翼飞行。一颗新时代的种子就此埋下。

只可惜，纵有手盗龙类这等贤臣良将扶危墙于将倒，但在恐龙家族整体性的演化狂欢中，也终究无法力挽狂澜，最终只得眼睁睁地看着6600多万年前的那颗大陨石划破恐龙帝国的虚华泡沫。

再回首，兽族却已卷土重来。

那些让恐龙家族曾经仰望，后来又不屑一顾的兽族子

遗，真的在漫漫1.4亿多年的悠长岁月里都毫无作为吗？

卧薪尝胆，兽虽三户可屠龙

龙兽争霸（其四）

中生代兽族的故事还要从那场名为二叠纪末大灭绝的旷世浩劫说起。严格来说，这场来自西伯利亚的"地狱业火"并未焚尽兽族合弓纲的霸业，至少在三叠纪之初，兽族依旧是盘古泛大陆上体型最大、占据食物链最顶层的族群。

比如麝喙兽，一听就是惹不起的那种。它体大如豹，搭配锋利的犬齿外加差不多算当时最敏锐的感官，甭管龙族兽族，通通要给它跪地称臣。

还有既不水也非龙的水龙兽，它们配置着能轻松砍瓜切菜的喙，以及可以挖掘块根的獠牙，体形差不多像哈巴狗那么大（放在大灭绝之后的废土上也不算小了），因此它们一度成为三叠纪早期最王道的植食动物。

然而这些厉害的角色最终却不过是旧王朝的浮光掠影，麝喙兽以及它所在的整个兽头类，连三叠纪的第一个一千万年都没挺过去，水龙兽所在的二齿兽类在三叠纪也不过兴盛了不到两千万年。

"死"得这么着急，根源还是兽族的固有缺陷——

随着陆地植物的崩溃，盘古泛大陆的气候一年比一年燥热了起来，兽族可怜的保水能力让它们在肆意扩张的沙漠面前一触即溃。

更糟糕的是，随着食物日益匮乏，兽族父母们不得不耗费更多的时间精力出去寻觅食物，这导致它们的幼崽往往只能任由掠食者们鱼肉。所以说动物之间的竞争从来都不是充斥着骑士精神的一对一单挑，稍微出现一点疏漏，都可能被淘汰。

最终，兽族基本上只剩下一支体形小巧的族群——**犬齿兽类**。然而小有小的好处，小，意味着需要的资源更少；小，意味着幼崽长大需要的时间更少，也更方便挖个洞把幼崽藏进去。所以啊，虽然鬼谷我经常用主观的口吻来描述演化史，但实际上，演化就是经历环境的残酷考验存活下来的族类变成未来的希望。

言归正传，虽说犬齿兽类为兽族合弓纲保留了"火种"，成了未来的希望，然而俗话说得好，大难不死必有"补刀"：早期的犬齿兽类基本都被局限在盘古泛大陆东南的一隅，三面环海，一面临沙漠，哪儿都去不了。但耐旱的龙族却能轻易穿越各种地形，翻山越岭来砍你。

不过还有一句俗话，上天为你关上一扇门，那你就再把门撬开。为了在这日益险恶的世界活下去，犬齿兽们开始将差异化竞争发挥到了极致。

例如，在当时犬齿兽生活的地方，大量生长着一类名为"舌羊齿"的植物。这类植物植株比较高大，大部分动物够不着，而且它的口感也远不如当时随处可见的石松与节蕨，所以主流的植食动物并不待见它们。然而这些被嫌弃的植物却是名副其实的演化之星。简单来说，舌羊齿是一类"种子蕨"，与同时期利用孢子繁殖的植物不同，种子蕨类能够产生营养丰富的种子，而当时还几乎没什么脊椎动物主要以种子为食。同时，种子的出现还把当时几近崩溃的昆虫给抢救了回来。

三尖叉齿兽

为了取食种子与虫子，一些犬齿兽发展出了爬树的能力，而爬树也反过来让它们得以躲避大部分敌害；同时，坚硬的种子与虫子都需要仔细咀嚼后才能下咽，因此兽族的下颌变得

灵活的下颌

很灵活，并逐渐将后侧牙齿演变成专门研磨食物的臼齿。与此

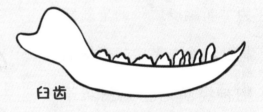

臼齿

同时，它们有三块齿骨后骨逐渐缩小并最终收进内耳，变成我们今天所说的听小骨，于是它们的听觉得到了质的飞跃；其中有些还更进一步，在耳孔之外延伸出一片软骨来汇聚声波，因此我们便长出了外

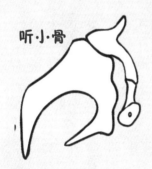

听·小·骨

耳廓。而强悍的听觉、嗅觉加上胡须的触觉又让夜行成为了可能，从此兽族在时间、空间、食性各方面都和龙族彻底

胡须

错开。兽族的变强还远不止如此，为了匹配日益发展的感觉系统，犬齿兽的脑中衍生出一个不起眼的小疙瘩，而正是这个被称为"新脑皮质"的全新结构，将在未来掀起脊椎动物神经演化的第三次革命。

奇尼瓜齿兽

万事俱备，只差一个"破圈"的机会了。这个机会，当然还是卡尼期洪积事件。绵延将近两百万年的漫长雨季终于浇透了沙漠结界，让犬齿兽的迁徙从此再无障碍。

说起来恐龙的老家距离犬齿兽住的那旮旯也没隔太远，不知道这两拨未来的霸主在迁徙道路上会不会相逢一笑？如果说在中生代，恐龙是浮诸海面的惊涛骇浪，那么兽族就是潜藏海底的汹涌暗流。

兽族决定将希望寄托在下一代身上，为此开发出了一系列前所未有的"黑科技"。

　　兽族身上腺体众多，这本是一个比较原始的特征，几乎摧毁了兽族的保水能力。但在三叠纪晚期，一支犬齿兽类开发出了腺体的全新用法：一部分汗腺发生了特化，分泌出一些营养比较丰富的汗，从此再也不需要冒着危险从外面带回食物，只需要让幼崽舔舐汗液即可，这便是最原始的哺乳行为。哺乳型类从此登上了历史舞台，你可以把哺乳型类理解为一大堆哺乳动物祖先的近亲。

　　　哺乳型类能不能哺乳一直有很大争议，我个人倾向于其中至少有一部分具有原始的哺乳行为，因为从分子钟证据来看，人类与鸭嘴兽的最近共同祖先就生活在三叠纪末。

　　可能是源于对幼崽的极致呵护，哺乳型类在新时代取得了强悍的适应能力，到2.2亿年前的晚三叠纪，哺乳型类已经在整个盘古超大陆上遍地开花。

这下是彻底给"奶"活了！

其中，最具代表性的是摩根齿兽类，它们已经具备了今天意义上哺乳动物的大部分特征，有一些比较激进的观点甚至直接把摩根齿兽算作了哺乳动物，这群新兴兽族的身影几乎出现在了盘古超大陆的每一个角落，为兽族复兴带来了新的希望。

没想到它们出师未捷先遭当头一棒。

在三叠纪末，一系列的火山活动让野火在全球范围内肆虐了数十万年，兽族生存所仰赖的种子蕨类遭到了沉重打击，于是兽族也随之低迷了数千万年。而恐龙却在一系列灾难中毫发无伤。

在温暖潮湿的侏罗纪，一类全新的植物全面崛起，那便是以水杉、银杏和苏铁等为代表的裸子植物。它们不但能结出比种子蕨更美味的种子，还能产生营养丰富的花粉，昆虫更是随之爆发。

　　于是在约1.5亿年前的侏罗纪末，哺乳型类迎来了它们的第二春，其中有些甚至还想借着这轮风口平地飞升，比如说祖翼兽就演化出了一层皮膜。兽族从此奠定了它们树冠之王的地位。当时哺乳型类可谓百花齐放，有一支叫作真三尖齿兽类的哺乳型类成功地在树冠层站稳了脚跟，它们中的翔兽甚至演化出了一层皮膜。真三尖齿兽类只能算是哺乳型类中一个比较普通的分支。侏罗纪最繁盛的哺乳型类之一要数贼兽类，它们也算是较早一批以植物为主

祖翼兽　　　远古翔兽　　　阿霍氏树贼兽

食的哺乳形类。

中生代乃至新生代初期最繁盛的哺乳动物其实应当是多瘤齿兽目，它们相当于那个时代的老鼠。

除了上树飞天，哺乳形类也没少往其他生态位蹭。比如獭形狸尾兽长了条扁平的尾巴，成了中生代兽族中与众不同的"水货"。

如果说这些都还只能算是花里胡哨，那么至少有一支兽族可是正儿八经地打磨了自己的屠龙之刃。

我们之前已经说过，兽族的羊膜卵是个"豆腐渣工程"，胚胎代谢产生的尿素堆积在蛋里面会毒害自身，所以不得不提前孵出早产儿。为了修正这个历史顽疾，兽族开始将胚胎先尽可能长时间地保存在体内，尽量通过母体吸收掉胚胎产生的尿素，直到最后一刻才给胚胎包上蛋壳生出来。今天的鸭嘴兽便是直接生出差不多快要孵化的蛋。而这条演化路线的极致便是胎生。

除此以外，在长期的哺乳中，兽族的乳腺逐渐从汗腺中独立出来，并且衍生出了一系列结构，方便幼崽吮吸。

至少在1.2亿年前的晚侏罗纪，**中华侏罗兽**已经具备了胎生和哺乳能力。从这些小家伙开始，哺乳动物逐渐在一众哺乳型类中脱颖而出，慢慢登上了兽族的顶点。

中华侏罗兽

刚才说的大部分奇型怪状的哺乳形类都出现在我国的

华北、东北到内蒙古一带，而在大约1.25亿年前，植物开花了，目前已知最早的花毫无例外，也全在我国的大东北。比如什么辽宁古果、中华古果、十字中华果等等。

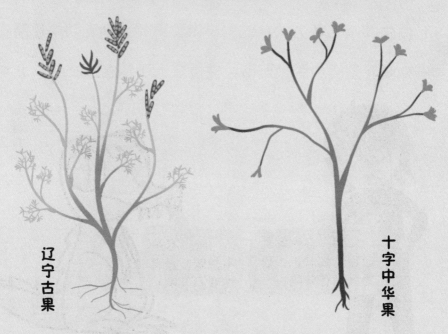

辽宁古果

十字中华果

从此被子植物，或者说显花植物登上了历史舞台，而我国东北也有幸成了全球最早迈进新生代的地区，骄傲地走在了时代最前沿。

接着还是熟悉的剧本，植物革命，昆虫爆发……

显花植物掌握了利用昆虫传粉的神技，瞬间在繁殖效率上碾压了同时期的其他一切植物，在不到四千万年的时间内，它们席卷了全世界。与之相随的，则是各路原本边缘的小型食虫动物的爆发，史称白垩纪陆地革命。

哺乳动物也在这波浪潮中完成了对身体的终极改造，它们瞄准了自己身上最后一处瑕疵。尽管此时哺乳动物已经掌握了胎生，但也不过是将原来的从蛋里孵出早产儿变成了直接生出早产儿而已，所以还不够。两支哺乳动物又做了更深入的尝试，其中一支的代表是三角齿兽，它们早产的幼崽会长期叼着母亲的乳头，直至在体外发育成一个正常婴儿。其后代更是干脆演化出了一个口袋兜着孩子，这支哺乳动物后来演化成了今天的有袋类动物。

还有一种名为始祖兽的哺乳动物，将胎儿原本用来存储废物的尿囊与母体的子宫深度融合，实现了物质的双向运输，进而又将其演化成了胎盘，直接让胎儿在体内发育成熟，再也不会生出发育不良的早产儿了。从始祖兽开始，一支拥有完美胎生的兽族全面崛起，那就是包括你我，以及今天绝大多数哺乳动物在内的真兽类。

然而此时的恐龙，除了和鸟类比较近的手盗龙以外，其他所有恐龙类群都已经在疯狂变大的道路上走得太远太远。恐龙太大了，大到已经看不见脚下怒放的鲜花，大到看不上生生不息的昆虫，大到看不清时代已经变了。

在6600万年前的美国西部大平原上，奔跑着霸王龙、三角龙这样的庞然大物，然而它们不过是将一堆古旧的结构塞进更伟岸的身躯罢了。它们的脚下，繁花盛开，它们的头上，蜂蝶乱舞，舞台换了，演员的命运也已注定。

然而并非所有恐龙都未跟上时代，白垩纪的陆地革命也让一支曾经很渺小的恐龙族裔发展壮大了起来，也正是这支族裔将龙兽争霸的传奇续写到了今日。

让恐龙再次伟大
龙兽争霸（其五）

　　一说到恐龙，人们总是下意识地联想到灭绝二字，仿佛恐龙活了一亿多年除了灭绝就没别的贡献。但严格来说，恐龙其实没有灭绝，它们依旧占据着陆地生态系统的半壁江山，将龙兽争霸的故事延续到了现在。对，恐龙在今天依旧留存着一支繁盛的后裔，那就是鸟类。

鸟

我们好歹是高大威猛的中生代霸主，这后代咋就这么小鸟依人呢？

恐龙

这背后其实是一段魔幻演化史。

这事还要从大约1.6亿年前的晚侏罗纪讲起。当时，恐龙已经牢牢坐稳了整个盘古超大陆的江山。然而辉煌的胜利并未让恐龙就此止步，它们继续开发着各种眼花缭乱的生存方式。

在这么一堆狂飙战斗数值的"怪兽"之中，却冒出一支不走寻常路的"妖孽"——手盗龙类，它们将进化的重点都放在了一个当时看来没什么意义的地方——羽毛。

虽然羽毛在恐龙中不算罕见，不过大多数恐龙对待羽毛的态度很务实，基本上都是在简单毛发的基础上稍微带点分叉，足够保暖即可。但手盗龙类可就厉害了。它们的羽毛不但粗大，还有着细密的分叉，更重要的是上面往往还有色彩斑斓的花纹。

这还没完，不少手盗龙类一反潮流地选择缩小体形，在同时期多数恐龙一个个欲与天公试比高的时候，手盗龙类却几乎把自己委身于小型动物的行伍之中，宛如是恐龙这个高大威猛的家族中出了个"不肖子孙"。

伤齿龙

手盗龙类的演化思路比较清奇，它们染指了一个恐龙家族甚少接触的生态位——上树。其中走得最极端的当属擅攀鸟龙类。

这支生活在树上的恐龙族裔之中诞生了最小的非鸟恐龙之一——**胡氏耀龙**。擅攀鸟龙类大多手指修长，尾巴短小，一看便是要化而为鸟的节奏。只可惜它们想不开，选了皮翼这条路，演化成了诸如**奇翼龙**和**长臂混元龙**之类的嚣张模样，翅膀还没硬就和翼龙起了正面冲突，结果还没上天就直接升天。

偷袭！
不讲武德！

我要上天！

翼龙

我送你
直接升天！

长臂浑元龙

别的手盗龙类见先辈折翼，自然稳重了许多。比如驰龙类和伤齿龙类虽然长得很像鸟类，但基本没有打破恐龙的祖宗之法，依然像七千万年前的先辈一样靠着快速奔跑捕食小动物。

这不过是韬光养晦之计，它们的羽毛变得越来越发达，其中有些恐龙如中国鸟龙和振元龙等，其羽毛之发达甚至都已经显得有些累赘。我们并不清楚它们为何对羽毛如此执念，有一种观点认为，这些艳丽张扬的羽毛可能纯粹是为了吸引异性。

慢慢地，又有一些手盗龙类迁徙到了树上，为了爬树，它们的手脚开始变长，当修长的四肢与发达的羽毛相结合，一种全新的结构——羽翼便登上了历史舞台。

早期的羽翼还没有后来那么卓越的空气动力性能，并不能让恐龙真正飞起来，但这却催生出了一些"黑科技"：比如脊椎动物为了飞行得牺牲一对前肢。但是如小盗龙之流可就厉害了，雄性小盗龙直接前后腿都变成了类似翅膀的样子。

相比之下，以曙光鸟为代表的另一些恐龙理智多了，它们开始着重强化前肢的飞行功能。

小·盗龙　　　　　　始祖鸟

从此，恐龙的飞行之路步入正轨。到1.5亿年前，生活在今天欧洲一带的始祖鸟很可能已经具备了初步的动力飞行能力。

除了对羽翼的改造，这些恐龙的身体也针对飞行做出了一系列变化，比如说它们的吻部骨骼逐渐愈合成了一整块，出现了鸟喙的雏形，这既有助于取食昆虫和种子，也能有效降低头部重量。不仅如此，它们还退化掉了一侧输卵管，不再囤很多蛋一起生，而是形成一颗蛋便立马生一颗，确保腹中空空，一身轻松。

这一系列革新最终在大约1.3亿年前的早白垩纪缔造出一支吹响征服天空号角的恐龙——真鸟翼类。相比不会飞的动物，真鸟翼类的飞行能力让它们可以更有效地躲避敌害，寻觅食物。和翼龙相比，真鸟翼类体形更小，并且羽翼相比翼龙的皮翼更耐受脏污和损伤。

从此，这些小恐龙在恐龙与翼龙的夹缝中起飞了。

一旦会飞，爬树技能就显得不是那么重要了，从真鸟翼类开始，这些飞行恐龙翅膀上的爪子开始逐渐弱化，同时它们的尾巴也缩短成了没啥存在感的一小截。

至此，飞行恐龙完成了它们的超进化，从此严格意义上的鸟类（鸟纲）便真正诞生了。尽管早期的鸟类喙里大多还长着牙齿，但是它们的生活习惯已经基本和今天的鸟类无异，而这为鸟类随后的繁盛埋下了伏笔。

在1.25亿年前，植物开花了，有花必有果，花花果果又迅速带来了昆虫的繁盛，这次风口一来，鸟类那可真是当风轻借力，一举入高空啊。

从此有一支在当时特别擅长飞行的鸟类开始全面崛

起，它们跨越山川和大海，用数千万年时间逐渐发展为全球分布的繁盛族裔，那就是反鸟类（反鸟亚纲）。

本来吧，中生代的天空基本被翼龙占据了，区区鸟类不足挂齿。但万万没想到，仗着这波天时地利，鸟类开始对翼龙帝国日拱一卒。先是拱走了小型飞行动物生态位，之后又把大部分翼龙拱出了森林，最后甚至拱起了翼龙在海洋上的地盘。到大约一亿年前，鸟类已经和翼龙打成了五五开，成了小型飞行脊椎动物的绝对主流，肆意拓展着各种生活方式。

一时之间，除了传统吃虫子的、吃种子的，还诞生了反凰鸟这种吸溜树液的，长翼鸟这种捉鱼的，小翼鸟这种吃虾的，等等。这些反鸟类由此缓缓创造了一个属于鸟类的时代。

最终，在6600万年前，那颗改朝换代的大陨石彻底天绝了翼龙类。

而反鸟类！

也一起天绝了。

鸟类啊，时代又变回去了。

不，时代在反复横跳。原来，当反鸟类如日中天之时，地球上其实还存在着那么一支鸟类。它们叫今鸟型类（扇尾亚纲）。今鸟型类早期的演化路线似乎总体上朝着放弃飞行的方向发展，其中极端一点的如生活在约8千万年前的黄昏鸟，就高度退化了自己的翅膀，成了潜水捕鱼的家伙，活脱脱是中生代的企鹅。这开得一手历史倒车的行为让今鸟型类在白垩纪存在感稀薄。

它们的思路其实跟别的鸟类完全不在一个位面上，孱弱的飞行能力让它们习惯生活于地面附近，而地上丰富的洞穴和掩体在后来的大灭绝中成了绝佳的庇护。更妙的是，埋藏在土壤之中休眠的种子与小动物更是帮它们挺过了灾后的饥荒岁月，让今鸟类有三支族裔成功渡劫，赢得了这场恐龙的继承之争。尘埃落定，它们稀里糊涂地成了当时地球上唯一具有飞行能力的脊椎动物。

于是相比龟缩在破碎的森林孤岛中苟延残喘的其他难民，鸟类的攻城略地提前了差不多一千万年，也理所当然地成为了大灭绝后最早复苏的动物类群之一。它们给恐龙这个前朝霸主留下了一个凭实力灭绝又凭运气兴盛的魔幻续作。

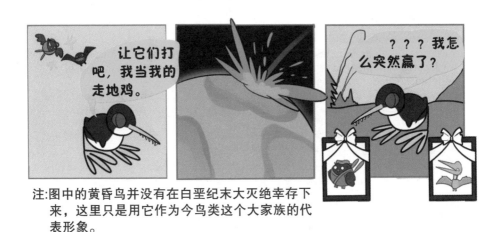

注:图中的黄昏鸟并没有在白垩纪末大灭绝幸存下来，这里只是用它作为今鸟类这个大家族的代表形象。

　　至此，龙兽争霸的第二赛季也落下了帷幕，给胜利者的奖励便是继续在新生代无尽厮杀。绝地反杀的鸟类，连同王者归来的哺乳动物、潜力无穷的蜥蜴、超长待机的鳄类等演化的弄潮儿，又将在新的时代为龙兽争霸的故事续写怎样的传奇呢？

参考资料（部分）

学术论文、综述：

Vallin, G., & Laurin, M. (2004). Cranial morphology and affinities of Microbrachis, and a reappraisal of the phylogeny and lifestyle of the first amphibians. Journal of Vertebrate Paleontology, 24(1), 56-72.

Benson, R. B. (2012). Interrelationships of basal synapsids: cranial andpostcranial morphological partitions suggest different topologies. Journal of Systematic Palaeontology, 10(4), 601-624.

张筱青,张国权,席书娜,李丽琴,邓春涛,王岩,...&宋宜.(2016).三叠系–侏罗系界线古火灾事件研究:方法,进展及展望.古生物学报,55(3),331–345.

刘俊, & 舒柯文. (2017). 中国肯氏兽–山西鳄组合带的新发现之三: 山西临县的主龙型类. 古脊椎动物学报,55(2),110–128.

专著：

Kemp, T. S., & Kemp, T. S. (2005). The origin and evolution of mammals.Oxford University Press on Demand.

古脊椎动物学（Vertebrate Palaeontology）第4版（Michael J. Benton 著，董为译；科学出版社）第九章

视频、纪录片：

PBSEons：The Story of Saberteeth
PBSEons：The Raptor That Made Us Rethink Dinosaurs

网站&网页

http://www.reptileevolution.com
https://evolution.berkeley.edu/evolibrary/article/evograms_06
https://www.pbs.org/wgbh/evolution/library/03/4/l_034_01.html

科普文章：

Vasika Udurawane, Julio Lacerda: The rise and fall of the first saber-tooths. eartharchives.2015
Palaeocast: Episode 49: Synapsids
Bob Strauss: Prehistoric Reptiles That Ruled the Earth Before the Dinosaurs. thoughtco. 2019
Heather Scoville: The Triassic-Jurassic Mass Extinction. ThoughtCo. 2019
中国科学院南京地质古生物研究所：中国辽宁省发现一种体型大、前肢短且有羽毛的驰龙类恐龙——振元龙
攀缘的井蛙：【地球演义】系列

更多资料详情，扫描二维码获取